Ic. 66.
3.

SUPPLÉMENT

AU VOYAGE EN FRANCE

DE M. LEIGH.

LETTRE PREMIÈRE.

M. Auguste Leigh à M. Johnson.

Paris, 10 *Mars* 1826.

Vous avez vu par mes lettres précédentes, que je n'avais rien négligé pour remplir le but de mon voyage. Je croyais avoir vu les diverses sortes de prisons qui existent dans cette ville, et je m'en vantais devant un médecin distingué. Vous ne connaissez pas les plus curieuses, me dit-il, celles qui s'intitulent maisons d'aliénés, et que le public malin appelle des *Pinélières*. Les autres prisons sont inspectées par des magistrats, et de là les améliorations que vous y avez remarquées. Mais les médecins des Pinélières ont pour unique inspecteur l'un de leurs confrères ; aussi fourmillent-elles d'abus.

Le plus grave de ces abus consiste dans le droit qu'ils se sont attribué, d'y enfermer tous les malades qui sont atteints de la fièvre. Les élèves du docteur Pinel n'exigent pas même que l'exaltation du cerveau, produite par la fièvre, fasse déraisonner les malades. Ils ont imaginé une *manie sans délire*, désignant, par cette bizarre expression, une démence dont les signes ne sont visibles que pour eux seuls. Les Parisiens opulents ont applaudi à cette découverte. Une famille voulait entrer en possession des biens d'un vieux parent, qui faisait trop attendre sa succession ; un mari espérait à se débarrasser de sa femme, dont la présence était un obstacle à ses plaisirs ; une femme désirait jouir de la fortune de son mari, et n'être plus exposée à sa surveillance ; ajoutons même que le Gouvernement, privé de la Bastille, ne savait le plus souvent où détenir ceux qui lui faisaient ombrage. Les maisons d'aliénés se sont ainsi remplies de *suspects* de démence, au mépris des lois qui exigent des formalités multipliées pour la constater.

Vous m'inspirez, lui dis-je, un vif désir de connaître l'intérieur de ces maisons. —

Leur accès, reprit-il, est interdit avec un soin extrême ; vous n'avez qu'un seul moyen. Je connais le docteur Esquirol, le plus fameux des élèves du docteur Pinel. Il est facile à tromper, car il reçoit les malades presque sans examen ; quand il les tient une fois en prison, il les livre à un substitut, sans expérience. Je vous ferai entrer chez lui, et je me charge de votre sortie. Ma curiosité l'emporta sur la crainte qu'il ne pût tenir sa parole. Dès le lendemain, je fus enlevé comme suspect d'aliénation mentale, et je passai la soirée dans un sallon où se trouvaient deux dames qui jouissaient de leur raison, et quelques *suspects*.

Je distinguai parmi ces derniers le baron F......, d'une constitution maigre et bilieuse, vert encore, quoique sexagénaire. Je fus surpris de sa conversation. Vous devez être guéri, lui dis-je, vos raisonnements, aussi clairs que justes, auraient ôté tout prétexte à votre détention. — Oui, répondit-il, si l'on avait daigné m'interroger. Mais on m'a enlevé, sans m'entendre, il y a quatre mois. Depuis ce temps, je viens chaque soir passer une heure au sallon commun, et ces deux dames peuvent attester que je n'ai jamais plus déraisonné que dans ce moment. Le lieu n'étant pas propre à d'autres explications, il m'ajourna à la promenade du lendemain.

Je le trouvai dans une cour, plantée en jardin, où les détenus ont la permission de se promener de midi à deux heures. Je suis, me dit-il, victime de la vanité du médecin de ma belle-mère, secondée par le docteur Esquirol. J'ai long-temps été député du département dont Montpellier, lieu de ma naissance, est le chef-lieu ; et, quand je venais à Paris, je logeais chez mon beau-père. Sa mort, presque subite, m'y appela au mois d'août dernier : j'y fus surpris d'une fièvre bilieuse. J'avais éprouvé une semblable maladie en 1812, et même avec des symptômes plus alarmants ; mon médecin, le baron Barbier, m'en avait guéri en trois jours, avec des rafraîchissants et des purgatifs. Mais ma belle-mère et ma femme s'étaient engouées du docteur Chardel, et m'engagèrent à accepter ses soins. Il substitua à ces remèdes le kina sous diverses formes, échauffa ainsi ma bile, qu'il aurait dû évacuer, et me donna des obstructions.

Après trois mois d'attente, je parle d'appeler le baron Barbier. Le docteur Chardel, qui voit sa réputation compromise, éloigne ma femme, et se concerte avec le docteur Esquirol. Sous prétexte de me mener voir mon fils au-delà d'Issy, tous deux me font

conduire à quatre heures du matin dans la
Pinélière du docteur Esquirol. Huit hommes
me saisissent et s'emparent de ma bourse et
de ma montre. Je me crois entre les mains
des brigands et prêt à devenir leur victime.

Le docteur Esquirol paraît à neuf heures.
Je demande, en vertu des lois, l'ordre de
ma détention, l'interrogatoire par le juge. Il
se refuse à tout. Comme je ne le connaissais
pas, je le prends pour le chef des brigands
qui m'avaient arrêté. Je n'ai pas gagné beaucoup à apprendre le contraire.

Pendant que le baron me parlait ainsi, je
considérais quelques détenus, qui donnaient
des signes d'une imbécillité complète. Vous
voyez, me dit-il, le système d'isolement, il
a toujours été pratiqué envers les aliénés,
et c'est la conséquence des motifs de la détention : car le législateur ne l'a jamais autorisée
que pour les fous furieux. Les élèves du
docteur Pinel en ont fait le remède universel
de toutes les maladies qui exaltent le cerveau,
et par conséquent de toutes les fièvres. Le
malade est enlevé et enfermé dans un cachot.
Son cerveau, déjà fatigué par la fièvre et
par la diète, achève de s'épuiser par une
contemplation sans terme, et l'imbécillité,
produite par le remède, paraît le résultat
de la maladie.

Voilà le sort qui attend ces jeunes gens
qui nous entourent, et dont l'abus du mercure, ou quelques accès de monomanie, ont
autorisé la détention. La plupart appartien-
nent à des familles de Paris, que leur égoïsme
ou même des motifs moins excusables rendent
indifférentes à leur sort. Ce jeune notaire
d'Orléans, ne court pas le même danger.
Néanmoins, avant hier au soir, il fut surpris,
au sallon commun, d'un violent accès de
délire, pendant lequel il s'écria qu'il était
Louis XVII, qu'on voulait le massacrer avec
sa femme et ses enfants. Malgré cela, il ne
tardera pas à sortir. En effet, sa femme vint
le chercher en ce moment, et le ramena à
Orléans.

Voilà, lui dis-je, ce que je ne peux com-
prendre. On rend à la liberté un aliéné,
dont la maladie n'est pas douteuse, et l'on
prolonge sans fin votre détention. — C'est
que celui-là a été seulement confié au docteur
Esquirol, et que sa femme n'a pas cessé de
le voir. Pour moi, j'ai été livré au docteur,
qui m'a jeté dans un cachot, dont il a fermé
la porte à ma femme. D'ailleurs, la femme
du notaire a tout vu par elle-même. Ma
femme n'a rien vu que par les yeux du docteur
Chardel, qui frémit à la seule proposition
de me rendre la liberté. J'aurais pu appaiser

ce docteur par des promesses , je l'ai irrité par des menaces. Je reconnais à présent mon imprudence , mais je n'ai pu contenir mon indignation.

Tandis qu'il me racontait ainsi l'histoire des détenus , deux heures sonnèrent et les geôliers ramenèrent les prisonniers dans leurs cachots. J'entrai dans celui de mon ancien député. C'est un petit pavillon , qui serait agréable , s'il n'avait pas été changé en prison. Les fenêtres sont fermées par des bareaux épais , qui ne laissent entrer qu'un jour très-sombre. La porte épaisse a été aussitôt refermée sur nous. Voilà , dit-il , ma prison ; à côté est la chambre de mon geôlier ordinaire. On envoie la nuit un autre geôlier , qui repose près de moi tout habillé.

Je vous épargnerai le détail des traitements humiliants ou douloureux qui signalèrent mon arrivée. Une luxation aux vertèbres du cou me laissa une difficulté de respirer , qui a duré plus de trois mois. Je me ressens encore à l'épine du dos d'un coup , que je reçus d'un homme emporté. Quand aux propos insultants ou dérisoires , vous jugez si ceux qui me traitaient ainsi me les ont épargnés.

On m'avait tenu deux mois à la diète dans ma chambre. J'obtins enfin d'aller à la table commune , où mangeaient les substituts du docteur Esquirol. Des aliments plus sains et plus abondants, et la distraction de la société me ranimèrent, mes forces commençaient à revenir. Le docteur m'a renvoyé manger dans mon cachot. Bientôt le peu d'aliments qu'on m'accordait ont été superflus; je ne pouvais plus digérer qu'un peu de lait ou de soupe aux herbes. Le neveu du docteur, témoin des mouvements de désespoir que je ne pouvais contenir, a fait alors disparaître un couteau à beurre qui servait au déjeuner. Vous prenez un soin inutile, lui ai-je dit; le marbre de cette cheminée m'eût suffi, si ma religion ne me défendait pas d'attenter sur ma vie.

Ces tristes réflexions furent interrompues par le son d'une voix forte et plaintive. L'ancien député pâlit, et rougit tour à tour d'indignation. C'est, me dit-il, la voix de l'un de mes compatriotes, qui fut jadis trésorier de Napoléon. Souvent je le contemple des heures entières, immobile contre la grille de mon cachot. Le docteur le retient prisonnier depuis onze ans, et n'a pu le conduire encore à l'imbécillité. Écoutez-le quelques moments.

Quelle cruauté! s'écriait le malheureux prisonnier, on me tient séparé de ma femme. Je vis dans les cachots, tandis qu'elle m'oublie, tout occupée de bals et de spectacles. Je veux aller avec elle à Montpellier. Si je

suis, en effet, malade, elle me fera donner
des soins. Ne suis-je pas assez riche pour les
payer? N'est-ce pas son devoir? Quand je l'ai
épousée, n'a-t-elle pas pris l'engagement de
ne jamais se séparer de moi? S'est-elle réservée
le droit de m'abandonner quand la maladie
me la rendrait plus que jamais nécessaire?
On dit que j'ai l'esprit aliéné; que je suis
interdit de la gestion de mes biens. Est-ce
un motif pour me mettre en prison et me
séparer de ma femme?

Quelle fut ma surprise d'entendre un homme, à qui l'on avait même ce jour-là refusé
la promenade du jardin, tenir des discours
aussi raisonnables. — On assure, me dit
l'ancien député, que, lorsqu'on l'enferma il
y a onze ans, il avait donné quelques signes
de démence. Mais j'ai quelques motifs de
croire qu'on ne l'a point alors interdit, car
on lui aurait donné un tuteur, qui aurait
obligé sa femme à le conduire dans sa patrie.
Quand même elle aurait abusé de sa démence
pour obtenir une séparation, elle aurait au
moins été contrainte de lui restituer ses biens,
qui sont considérables.

Quant à ma propre détention, aucun juge
n'eût accordé mon interdiction. Le docteur
Esquirol a pris sur lui de me condamner à
la prison, d'exécuter son jugement, et de

me mettre au secret pour m'empêcher d'en appeler. Me voilà frappé du même coup que l'ancien trésorier, et destiné comme lui à passer ma vie dans ce cachot.

Vous avez vu jouer le Pourceaugnac de Molière, et vous n'avez considéré ces deux médecins, imposés par force, que comme un jeu de l'imagination de l'auteur. Le docteur Esquirol est parvenu à le réaliser. Ou plutôt, car un tel sujet ne laisse aucune prise à des railleries, il me traite, au début de la vieillesse, comme les sauvages traitent leurs pères qui touchent à son terme. Pour un homme, qui sent aussi vivement que moi les horreurs de la captivité, une prison perpétuelle est pire que la mort.

Au surplus, l'ancien trésorier est plus à plaindre que moi, car il ne paraît pas même se douter que l'on intercepte ses lettres. Je suis un peu moins dupe, et je compte beaucoup sur mon adresse à faire parvenir les miennes.

— C'est précisément, lui dis-je, parce qu'il est sans malice et sans défense, que les magistrats auraient dû le protéger. — Vous connaissez mal Paris, reprit-il avec vivacité, on y vit dans une sorte d'état de nature, et l'on s'y occupe bien peu de celui qui ne sait pas se faire valoir, ou se faire craindre.

Aussi c'est à ce soin que je m'attache , et mes
lettres passées en fraude ont déjà obtenu un
premier succès. Les juges ont demandé des
renseignements , et le docteur s'est alarmé ;
j'ai déjà obtenu quelques adoucissements aux
rigueurs de ma détention.

Je considérais cependant le jardin à travers
les bareaux de sa prison. Vous voyez , me
dit - il , les femmes qui sont admises à s'y
promener en ce moment. Celle que vous
apercevez , assise avec humeur sur un banc ,
est une cousine de ma femme. Son mari lui
a communiqué plusieurs fois des maladies
honteuses ; l'abus du mercure a ébranlé ses
nerfs et fatigué sa mémoire. Du reste , on
n'a aperçu aucune altération dans sa raison.
Mais pour éviter ses reproches , ou se livrer
avec moins de contrainte aux plaisirs , qui
les avaient mérités , son mari a profité des
offres du docteur. Cet autre dame n'a d'autre
tort que son bavardage éternel. Ce n'est pas
un crime digne de prison , le docteur a d'ailleurs vainement employé depuis long-temps
sa mystérieuse science pour la guérir. Au
surplus , il ne guérit d'ordinaire que ceux
qu'il enferme jouissants , ainsi que moi , de
leur raison. Mais je me promets bien de
déjouer cet indigne calcul.

En ce moment parut un jeune colonel ,

qui avait épousé la fille du premier lit de
sa femme, et qui s'informa, avec un tendre
intérêt, de sa santé. — Vous n'ignorez pas,
dit-il, qu'elle est rétablie depuis long-temps,
et que ma détention n'a plus même de prétexte. — Ah! vous y voilà? Quand on vous
croit guéri, vous retombez dans vos accès.
— J'oubliais que l'ennui de la prison est un
signe de démence. Ainsi vous ne venez que
m'exhorter à la patience. — Je viens vous
témoigner mon attachement; vous sentez,
d'ailleurs, que je ne me mêle pas des affaires
de famille. La conversation ne tarda pas à
languir, et quand il fut sorti, le baron se
répandit en plaintes amères sur l'égoïsme des
Parisiens, dont sa femme et le colonel lui
offraient de tristes exemples. Bientôt son geôlier lui fit observer que l'usage interdisait
les longues visites, et je fus contraint de me
séparer de lui.

LETTRE DEUXIÈME

DU MÊME.

Paris, 8 Avril 1826.

Le baron F. . . . , en me quittant, m'avait donné rendez-vous dans la salle de billard, qui touche au salon commun. Quand j'ai paru, il s'y trouvait avec le docteur Métivier, neveu du docteur Esquirol, et je suis resté au salon, d'où j'ai entendu leur conversation.

Je ne puis concevoir votre oncle, disait le baron. Il avait déclaré à ma belle-mère que j'avais une maladie grave, et qui exigeait tous ses soins. Depuis qu'il m'a mis en prison, il ne s'occupe plus de moi. — Vous vous trompez ; je lui fais connaître exactement l'état de votre santé. — Mais, à quelle heure? car il passe tout le jour à visiter ses malades en ville, ou à surveiller Charenton : il ne rentre que pour dîner et se coucher, c'est vous qui me l'avez dit. L'usage est d'ailleurs qu'un médecin n'envoie son substitut que dans des cas très-rares ; pourquoi votre oncle fait-il envers moi tout le contraire ? L'oserait-il, s'il me croyait réellement malade?

— Vous savez bien qu'il a constaté que vous aviez une maladie mentale, qui est le fruit de vos travaux trop assidus dans le cabinet. C'est, lui dis-je, ce que nous vérifierons, quand j'aurai enfin ce juge que votre oncle me refuse depuis cinq mois. Supposons, en attendant, que ma maladie consiste dans un affaiblissement du cerveau, qu'il a découvert, quand personne ne s'en était aperçu. Un autre m'aurait ordonné, pour guérir cet affaiblissement, les distractions du monde, la promenade, le spectacle, la société de ma femme et de mes enfants.

Votre oncle a employé des remèdes moins communs. A trois heures du matin, le geôlier, qui couche tout habillé dans ma chambre, ouvre à grand bruit les verroux, et sort pour aller préparer les bains. Son odieux aspect, celui des barreaux et de la porte épaisse de ma prison, sur lesquels se réfléchit la pâle lueur d'une lampe, échauffent tellement mon sang, que je ne puis me rendormir. Je compose de mémoire jusqu'à six heures, pour échapper aux noires idées qui m'obsèdent ; je me lève ensuite, le cerveau déjà fatigué, obligé à continuer encore mon travail pendant douze heures, pour atteindre celle du dîner. Je vous ai vainement demandé des plans, des paysages, un maître, pour recommencer les études du dessin, qui avaient fait l'amusement de ma jeunesse. Loin de m'accorder ces distractions, vous avez pris même ombrage de cette habitude de répéter des airs connus, qui est si ordinaire à tous ceux qui fréquentent le spectacle, et vous m'avez forcé d'y renoncer, en la présentant à votre oncle comme un signe de démence. Il me semble que ce régime est plus propre à produire qu'à guérir la démence que vous m'avez supposée. Je pouvais, du moins auparavant, me distraire à la table commune; depuis que je suis réduit à dîner seul dans mon cachot, le chagrin et la privation des aliments fortifiants, ont détruit les forces de mon estomac; mon cerveau, déjà lassé, achève de s'épuiser par une diète forcée. Je ne tarderai pas à remplir vos vœux; c'est sans doute le moment que vous attendez pour m'accorder enfin un juge.

Je vois qu'il est inutile de vous répondre, dit le docteur avec dépit. Votre imagination exaltée vous crée des phantômes. L'ingénieuse théorie de l'isolement est désormais assez justifiée par ses effets. — Que ne me l'enseignez-vous? — Vous ne la comprendriez pas. — J'entends. C'est une doctrine secrète. Je croyais que les progrès de la raison et de la science avaient décrié ces prétendus secrets: d'ailleurs,

ils sont expressément défendus par les lois,
dont j'obtiendrai bientôt le secours ; car, malgré vos soins pour intercepter mes lettres,
celle que j'écrivais à mon juge lui est par-
venue. Elle a déjà produit d'heureux effets ;
votre oncle a enfin consenti à me voir ; j'ai
toutefois compris par le regard furieux qu'il
m'a lancé, que sa douceur apparente est celle
du tigre, dont la physionomie est si trom-
peuse.

— Vous vous laissez toujours dominer par
vos préventions. Qu'avons-nous à craindre du
juge ? N'avons-nous pas constaté votre maladie ? — Oui, en son absence ; sans mission
de sa part, sans qu'il ait pu m'entendre,
sans qu'il m'ait été même permis de lui écrire.
Mes lettres passées en fraude y ont suppléé,
et j'ignore par quelles adresses vous êtes par-
venus à éluder qu'il prît connaissance de
cette affaire. Mais vous vous attendez à l'intervention de la justice ; j'en juge par votre
condescendance à m'entendre en ce moment.
Les visites que vous m'avez faites jusqu'à ce
jour, ont été si rares et si courtes, que je ne
concevais pas comment vous pouviez rendre
compte à votre oncle de l'état de ma santé.

— Ignorez-vous que j'étais instruit de vos
moindres démarches ? — Je vous entends.
Ces geôliers qui ne me quittent point, qui

me prodiguent les coups et les propos insul-, tants. . . . . Je les leur ai défendus. — Ils se moquent de vos menaces. Pour vous montrer sévère , il faudrait commencer par être généreux. Comme vous ne leur donnez que vingt sous par jour , et que le prix des domestiques à Paris est de quarante sous , vous ne pouvez avoir que le rebut des maisons honnêtes. Voilà pourtant mes vrais médecins, et le secret où je suis retenu , a principalement pour objet d'étouffer mes plaintes.

Je ne puis surtout imaginer par quelle adresse vous avez empêché les visites de ma femme. Elle ne peut avoir d'excuse , car les femmes ont toujours été admises , même à la Bastille. — Vous jugez mal de votre femme ; nous lui avons défendu de vous voir. — Mais le juge aurait , si elle eût voulu , réformé votre décision. Dites plutôt qu'elle a craint de ne pouvoir soutenir mes reproches. Au surplus , toutes vos adresses n'empêcheront pas les juges d'éclairer votre conduite. Cette confiance m'a donné assez de courage pour lutter contre l'épuisement de corps et d'esprit où votre odieux régime m'a jeté. Déjà je contemple avec moins d'effroi les barreaux de ma prison. — Je les ferai enlever. — Voilà une condescendance inattendue , et dont le motif est assez clair ; je commence à espérer que ma captivité ne sera pas éternelle. **2**

— En avez-vous douté un seul instant? Vous seriez déjà sorti sans vos emportements continuels. — Il est vrai ; vous me l'avez dit souvent. Mais c'est ainsi que vous promettez tous les mois la sortie de l'un de mes conci-toyens, que vous retenez en prison depuis onze ans. — L'interdiction de celui-là est prononcée. — N'importe, elle n'autorise pas la captivité, et surtout une captivité aussi longue. Mais vous avez toujours raison. Si l'on s'indigne de la prison, la démence est prouvée par l'irritation : vous en fondez la preuve sur la taciturnité, si l'on contient ses ressentiments.

— Ne vous livrez pas à ces vaines alarmes ; vous serez réclamé par votre famille. — Vou-lez-vous dire par ma femme, que vous avez déjà prévenue contre moi? Sachez, au sur-plus, que, loin de former ma famille, elle ne peut même être membre du conseil de famille. Ce conseil est à Montpellier, où je suis né, et où je n'ai pas cessé de conserver mon domicile. — Nous n'aurions pas eu le temps de prendre leur avis. — Très-bien ! Vous avez décrété mon arrestation d'urgence. J'avais pourtant prévenu toute objection, en vous offrant ceux de mes parents qui sont à Paris. — Ils ont été consultés. — Cela ne se peut pas, car leur assemblée se forme devant le juge, qui est tenu de m'entendre ; l'un d'eux, surtout, connaît très-bien les lois qui protégent la liberté civile, et je l'aurais engagé à les réclamer en ma faveur. Elles sont sévères ; je les ai rappelées à votre oncle ; c'est sans doute la vraie cause de ma mise au secret et de ma captivité sans terme. Mais j'ai éludé la mise au secret, je franchirai les barrières de ma prison, et vous jugerez alors si l'on brave impunément les lois. — Vous nous rendrez alors plus de justice. — Oui, la justice que l'on doit à ceux qui ont violé toutes les lois.

On annonça alors cet ami de l'ancien député, ce pair de France, dont il m'avait si souvent parlé. — Ah ! mon ami, combien je soupirais après ta venue ! combien j'ai souffert dans les deux mois qu'a duré ton absence ! — Ce n'est pas ma faute. Je me suis souvent présenté, mais le docteur Esquirol résistait comme une barre de fer. — La barre de fer s'est amollie, dit le baron en souriant, et je vois que l'intervention du juge n'est pas éloignée. Mais, en attendant qu'elle produise les heureux effets que j'en espère, aide-moi à les attendre sans danger. Depuis que l'on m'a renvoyé manger derrière les barreaux de ma prison, le dépérissement de ma santé s'accroît d'une manière effrayante. — En effet, ses

traits sont horriblement altérés , que décidez-
vous , dit le pair de France , en se tournant
furieux vers le docteur ? Celui-ci , déjà interdit par les objections du baron, promit
tout ce qu'on voulut, et laissa même entrevoir
que la sortie était prochaine. — Nous nous
séparâmes dans la conviction que l'oncle et
le neveu , intimidés par les explications que
le juge avait demandées, allaient changer de
conduite.

Près de quinze jours s'étaient écoulés depuis
cette explication ; je n'avais pas vu mon détenu , et je le croyais évadé. Il m'en avait
en quelque sorte prévenu, en m'annonçant
que la crainte des juges et les instances de
son ami , le pair de France, avaient décidé
le docteur à lui permettre le spectacle , et
qu'il espérait ne pas être inutilement placé
dans une même loge avec des hommes qui
jouissaient de leur liberté.

Je l'ai rencontré hier au salon commun,
mais pâle, décharné, dans un abattement ex-
traordinaire. — Nous sommes passés dans la
salle de billard. La ruse que j'avais employée
m'avait réussi , dit-il ; sous prétexte d'aller
au spectacle, j'étais allé chez mon homme
d'affaires et chez l'un de mes amis. Mais le
docteur les avait prévenus contre moi. Tandis
que mon homme d'affaires feignait d'aller

prendre l'heure chez M. de Lacroix-Frainville pour une consultation, et que mon ami me rassurait sur ma liberté, le premier avertissait la police. Des gendarmes vinrent m'arrêter dans un café, où je prenais une bavaroise, avant de continuer mes visites.

En rentrant dans mon cachot, je fus saisi d'un accès de fièvre, qui dura vingt-six heures. Le docteur Métivier entra, lorsque l'accès touchait à sa fin ; j'étais si faible que j'avais tenté en vain de me lever. M. le docteur, lui dis-je, laissez là tous ces remèdes, qui ne peuvent guérir le mal, que ma rentrée en prison a seule causé. Je sens que je touche à ma fin, et que je ne pourrai éviter le sort de mon père. Il mourut à mon âge, après six mois d'une captivité à laquelle il avait été condamné par un comité révolutionnaire. Sa captivité fut néanmoins plus douce que la mienne. Il resta chez lui, avec un garde de son choix, servi par ses domestiques, jouissant de sa bibliothèque, de son jardin, de la société de ses amis. Pour moi, je suis enterré tout vivant dans un cachot, où je ne jouis d'aucun de ces avantages, et qui sera bientôt mon tombeau.

— Votre imagination se frappe trop aisément ; vous n'avez qu'une fièvre ordinaire, et qui sera bientôt guérie. — Oui, si vous

m'ouvrez les portes de ma prison. Mais ,
comme vous vous y refusez , je n'ai que faire
de vos inutiles remèdes , et je dois songer
à paraître devant Dieu ; je demande seulement
que le curé de Saint Roch vienne m'y préparer. Vous savez qu'un confesseur est admis,
même auprès des prisonniers condamnés au
secret.

— Je ne me prêterai point à ce nouveau
caprice. — Vous osez donner ce nom à une
telle demande ? Sous les yeux du Roi très-
chrétien , dans sa propre capitale, vous me
refusez un confesseur. Je sais bien que vous
m'avez empêché d'aller à la messe , même aux
fêtes solennelles ; mais ce dernier refus est
d'une bien autre gravité. Si vous ne craignez
pas Dieu , craignez au moins le Roi , qui est
son image sur la terre.

Vous nous calomniez , dit vivement le docteur. Je céderais à votre demande , si votre
maladie était assez grave. — Répondez donc ,
ne fût-ce que cette seule fois , avec franchise.
Vous ne voulez pas laisser voir que , par
ma prison , et le refus d'un juge , vous avez
seuls causé cette maladie , qui me met aux
portes du tombeau. Vous avez pu réussir à
tromper un jeune colonel , tout occupé de
ses plaisirs ; un pair de France , absorbé par
le soin qu'il doit aux affaires publiques. Vous

n'abuseriez pas aussi aisément un vieux curé,
qui a souvent visité des prisonniers, et qui
sait qu'il n'est pas plus permis de leur refuser
un juge qu'un confesseur. Je ne vous parlerai
pas de mon médecin, le baron Barbier, de
ma femme, de mes enfants, de mes parents;
vous les avez déjà tant de fois également re-
fusés. Accordez-moi du moins mon notaire,
je voudrais faire quelques dispositions. . . .
Vous gardez le silence, je n'insisterai point.
Que m'importe ce nouveau refus, après l'indigne refus que je viens d'essuyer de vous.
Je ne vous demande plus qu'une grâce; sortez
d'ici; laissez-moi avec mon geôlier, qui ne
peut avoir le cœur aussi dur que vous. Je
ne veux plus de vos remèdes, je saurai bien
m'en passer, si Dieu a résolu de prolonger
encore pour moi les épreuves de cette vie.

Quand il fut sorti, je restai si saisi d'horreur
et d'indignation, que je gardai un long silence.
Je considérais ces barreaux et ces verroux,
qui ne me semblaient plus qu'autant de barrières destinées à repousser le ministre de ma
religion. M'adressant, enfin, à l'un de mes
geôliers, qui s'était enrôlé à Paris dans les
premiers moments de la révolution. Vous
rappelez-vous, lui dis-je, comment l'élan
en faveur de la liberté, qui vous entraîna
aux armées, fit soulever toute la France?

Le premier signal fut donné par la destruction
de la Bastille, parce qu'elle était l'abus le plus
odieux de l'ancien gouvernement. Et vous,
qui avez concouru à la détruire, vous con-
sentez à servir dans l'une des maisons qui
la reproduisent ! Vous secondez le docteur
dans son projet de garder en prison, le peu
de jours qui lui restent, un homme âgé,
et dont le chagrin use rapidement les der-
nières forces.

Calmez-vous, me dit alors mon geôlier
attendri, considérez que vous êtes même traité
avec plus de soin que les autres malades de
la cour. — Mais, lui dis-je, parmi ceux
que vous avez soignés, en est-il un seul à
qui je ressemble ? — Je conviens que non,
cependant je ne vous comprends pas toujours.
— C'est bien simple; vous avez toujours vécu
dans des corps de garde, croyez-vous qu'on y
parle le même langage que dans les premières
sociétés de Paris, informez-vous-en à ceux
qui viennent me visiter; demandez aux dames
qui tiennent le sallon commun, et que je
vois une heure tous les soirs, depuis le jour
même de mon arrivée, si elles n'ont pas
toujours compris mon langage. Mon geôlier
a changé de ton avec moi depuis ce moment,
et n'a rien omis pour adoucir dans l'exécution
les ordres rigoureux qu'on lui donnait. Mon

courage s'est ranimé et ma résignation à la volonté de Dieu a rendu à mon âme toute sa fermeté. J'étais d'ailleurs soutenu par le violent désir de vivre assez long-temps pour obtenir la punition des coupables, pour faire pénétrer la lumière de la justice dans les affreux repaires de l'inquisition médicale, pour sauver à mes enfants les obstacles que l'accusation de démence, portée contre leur père, devait opposer à leur établissement.

Mes espérances se sont accrues quand j'ai vu arriver un malade, enlevé comme moi au sortir d'un accès de fièvre. Le docteur s'attend donc, me suis-je dit, à se voir bientôt arracher sa proie, puisqu'il en cherche de nouvelles. Je veux que vous fassiez connaissance avec cet autre prisonnier.

Interrompant alors la partie de billard, qui servait de prétexte à notre conversation, il fut chercher celui qu'il m'avait annoncé. Je vis un homme à peu près de son âge, employé à Paris comme receveur de l'enregistrement. Il me parut plein de sens, et du caractère le plus calme. Je ne pouvais revenir de ma surprise en entendant, dans un tel lieu, des discours si lumineux et si raisonnables.

Voilà, me dit l'ancien député, celui qui a achevé de ramener les forces de mon âme.

Il m'a indiqué de nouveaux moyens d'envoyer mes lettres en fraude. Je suis sûr qu'une partie sont parvenues à leur adresse ; car j'en avais fait passer une douzaine, et j'ai su par par mes docteurs eux - mêmes qu'ils n'en avaient saisi que deux.

Nous nous sommes dit alors un dernier adieu, ma sortie ayant été fixée au lendemain. Mais il a promis de m'écrire aussitôt qu'il aurait quelque bonne nouvelle à m'annoncer.

LETTRE TROISIÈME.

Le baron F. . . . . . à M. Leigh.

Montpellier, 5 août 1826.

Mon cher consolateur, me voilà enfin à
deux cents lieues de cet audacieux docteur,
qui bravait impunément les lois; il s'est vu
contraint de m'ouvrir les portes du cachot,
où il croyait me tenir à jamais enfermé.
Lorsque vous nous avez quittés, j'avais déjà
préparé cette heureuse issue, par celles de
mes lettres qui n'avaient pas été interceptées.
J'en ai ressenti, peu de temps après, les
heureux effets, et l'on est venu m'avertir
que M. le premier président Seguier me de-
mandait. Le docteur l'avait empêché de pénétrer jusqu'à mon cachot, pour soustraire
à ses regards les grilles et les geôliers, mais
surtout pour se ménager le temps de lui
inspirer des préventions contre moi. Il y est
parvenu, et, après les premiers compliments,
M. le premier Président a proposé un conseil
judiciaire. Je pouvais faire des objections,
j'ai préféré d'accepter sans hésiter. Je n'avais
garde de faire naître des obstacles à ma mise
en liberté. J'étais d'ailleurs bien assuré qu'a-

près ma sortie, il n'insisterait point sur cette mesure provisoire, quand il m'entendrait raisonner avec la même vigueur d'esprit que j'avais montrée, lorsque je présidais à ses côtés la cour royale de Paris.

Rentré ensuite dans mon cachot, je vois paraître le gendre de ma femme. Lorsque je lui ai dit que j'avais accepté un conseil judiciaire, il s'est récrié, disant que l'on n'avait jamais songé à proposer une mesure aussi rigoureuse. Ainsi, lui ai-je dit, il est plus dur d'être libre et jouissant de ses revenus, que d'être jeté dans une prison, dépouillé de tout, tenu au secret le plus absolu.

Cependant l'alarme s'était répandue parmi mes oppresseurs. Ils ont circonvenu le premier Président, qui a permis de substituer un voyage au conseil judiciaire. Je suis parti pour Montpellier comme un proscrit que l'on renvoie dans son pays, sans qu'il m'ait été même permis de passer à mon logement, pour y prendre les hardes et les papiers qui m'étaient le plus nécessaires, de voir mes enfants, mes parents et mes amis, de toucher le plus léger à-compte sur les revenus qui s'étaient accumulés pendant ma prison. Les sommes nécessaires pour mon voyage avaient été remises à un médecin, qui avait promis de m'accompagner. On m'avait donné pour gardien, l'un des domestiques de la Pinélière, susceptible, comme tous ses camarades, de se transformer en agent de police, à la volonté du docteur Esquirol.

A peine hors de Paris, j'ai reconnu que les habitants des départements ne considèrent pas les détentions arbitraires avec la même indifférence que les Parisiens, et qu'ils sont fortement attachés aux lois qui protègent la liberté individuelle. J'avais suivi d'abord mon docteur à Caen, où l'appelait la maladie de son père. Je me suis fait connaître dans cette ville, où mes fonctions de questeur de la chambre des députés et de conseiller à vie de l'université, m'avaient procuré jadis plusieurs amis. Ils m'ont offert à l'envi leurs secours, et j'ai erré avec sécurité dans les fertiles prairies qui entourent cette ville, transporté de joie d'être enfin délivré de cet enfer anticipé, où j'ai vécu sept mois entiers, qui ont usé les ressorts de ma vie comme autant d'années.

A mon départ, j'ai pris la route de Montpellier. Je ne me suis détourné que pour passer dans mes terres, où j'ai produit, sur mes régisseurs et sur mes voisins, les mêmes impressions que sur les habitants de Caen. Mes concitoyens les ont également manifestées, et chacun d'eux faisait un secret retour sur soi-même, en considérant avec quelle facilité on peut attenter, dans la capitale, à la liberté individuelle.

Si j'ai aperçu d'abord quelque hésitation, c'est seulement parmi ceux de mes parents et de mes amis, auxquels le docteur Esquirol n'avait cessé d'inspirer des préventions contre moi, tandis qu'il me retenait enfermé dans ses cachots. Il avait fondé la preuve de la démence sur une consultation qu'il avait faite chez moi avec le docteur Chardel. Mais ce n'est point par des médecins, c'est par des juges, que la loi ordonne de faire constater la démence. Le législateur s'est même expliqué sur les motifs; il voulait prévenir les suppositions de démence, et craignait sans doute aussi que l'intérêt personnel des médecins n'influât sur leur décision. Par celle qui me concerne, le docteur Chardel a voulu protéger sa réputation, déjà compromise. A l'égard du docteur Esquirol, je me bornerai à faire observer qu'il n'est point de traiteur dans Paris qui ne se chargeât, au prix de douze cents francs, de tous les frais pour lesquels ce docteur exige six mille francs par an. Mon médecin ordinaire, le baron Barbier, aurait été seul sans intérêt; aussi n'a-t-on pas voulu l'appeler, malgré toutes mes instances.

Au surplus, la loi qui exige que la démence soit constatée par les juges a de tout temps existé, comme on le voit par l'exemple de Sophocles, qui détruisit l'accusation en leur présentant son *OEdipe à Colonne*. J'aurai pu faire la même réponse, avec la seule différence que l'on devait attendre entre le génie de leur grand poète, et les faibles talents que le ciel m'a départis.

Mais le docteur Esquirol lui-même croyait-il à ma démence? Si telle eût été son opinion, il aurait, au moins une fois, conféré quelque temps avec moi, ne fût-ce que pour connaître les caractères de ma maladie et les moyens de la guérir. Il ne m'a fait, au contraire, que deux ou trois visites, si courtes, qu'il ne pouvait en espérer aucunes lumières sur mon état.

Comment se fait-il encore qu'il n'ait pas employé les moyens curatifs que lui-même indique dans ses livres, les distractions de tout genre, les promenades en voiture, les spectacles, les exercices de la paume et du manége, les délassements du dessin et de la musique, tout ce que peut amuser le malade sans fatiguer son cerveau? Il a fait tout le contraire, il m'a tenu enfermé et isolé dans un cachot.

Je sais bien que par l'effet d'un système,

qui me paraît difficile à concilier avec celui qu'il annonce dans ses livres, l'isolement est au nombre des moyens curatifs de la démence. Ce moyen a été admirable sans doute pour écarter ceux qui auraient pu reconnaître que ma démence était une supposition gratuite. Mais je ne puis penser que le docteur ait été de bonne foi, lorsqu'il a prétendu m'avoir ainsi isolé pour éviter les impressions extérieures qui auraient pu fatiguer mon cerveau. Cette assertion pourrait avoir quelque vrai-semblance, s'il s'agissait d'un organe, tel que le sens de la vue, que l'on oblige à se reposer, en l'entourant de ténèbres. Mais c'est au milieu du repos de tous nos sens matériels que l'organe, par lequel agit notre intelligence, acquiert toute l'activité dont il peut être susceptible. Quand le cerveau du malade est déjà fatigué par la fièvre et par la diète, une contemplation sans but et sans terme achève de l'épuiser. En obligeant cet organe à une longue contention pendant les grands froids, qui ont si souvent déterminé des accès de démence, le docteur n'a pu avoir pour objet que de chercher des preuves de la maladie qu'il a supposée.

Il se vante même d'avoir rempli son but, et produit des notes informes, choisies dans mes papiers, des lettres de confidence intime pour mes parents, que je leur avais adressées ou destinées. Ces notes et ces lettres, soustraites par un odieux abus de confiance, ne m'ont pas été communiquées, et peut-être je les aurais expliquées. Ce qui autorise à le présumer, c'est que dans les conversations du sallon, et dans les rares visites que j'ai reçues, on n'a pu remarquer un seul signe de démence.

Mais quand il existerait, dans mes notes rapides ou dans mes lettres, des phrases que je ne pourrais expliquer, j'aurais toujours à répondre. Un homme, déjà épuisé par une longue maladie, a été enlevé de chez lui, et enfermé solitaire dans un cachot. Il s'est vu réduit, pour ne pas périr d'ennui, à travailler de tête seize heures par jour, pendant six mois ; une diète austère a achevé de l'épuiser ; et vous prétendez l'avoir convaincu de la démence que vous lui avez supposée, parce qu'au milieu de tant de productions, qui attestaient qu'il jouissait de sa raison, il s'en est trouvé quelques-unes qui se sont ressenties de la fatigue excessive de son cerveau. Dans un pays où il existera quelques idées saines sur la liberté, vous ne ferez jamais admettre que l'on puisse enfermer un homme sans preuves, pour se procurer contre lui des preuves par de telles manœuvres. Ce serait rétablir sous d'autres formes la question préalable, car on ne peut nier que la détention au secret dans cachot ne soit une sorte de torture.

On peut même se former une idée de la douleur physique que produisait jadis la question préalable. Mais qui peut apprécier la torture morale qu'éprouve un homme religieux, à qui l'on refuse tout exercice, tout ministre et jusqu'aux livres de sa religion ; d'un père de famille, que l'on a séparé avec violence de tous les objets de ses affections; d'un homme jaloux de sa liberté, à qui l'on fait envisager une captivité sans terme, soit par des promesses, toujours révoquées, soit par le spectacle d'un détenu que l'on amuse depuis onze ans par de semblables promesses ? Exposé pendant sept mois entiers à cette torture, je n'ai pas cessé de protester contre l'injustice de mes oppresseurs, et lorsque l'appui de mon ami et de M. le premier Président m'a arraché de leurs mains, je n'ai pas hésité à demander d'être envoyé dans le pays le plus chaud de la France. Je n'ignorais pas néanmoins que la canicule, dans un tel pays, suffisait pour développer les plus légères dispositions à la démence. Mais je voulais justifier, par cette épreuve, mon assertion constante que je jouissais de la plénitude de mes facultés mentales.

J'espère bien obtenir davantage par des
discussions ultérieures. On peut laisser aux
savants l'examen des pratiques des *mesmérites*,
qui soutiennent que des malades placés autour
du même baquet, ou endormis par des pro-
cédés magnétiques, acquièrent des lumières
surnaturelles sur les causes ou les remèdes
des maladies. Les opinions des *Gallistes*, qui
prétendent que l'on peut juger des affections
du cerveau par les formes extérieures du
crâne, n'intéressent pas davantage le commun
des citoyens. Mais il n'en est pas de même
de la doctrine des Pinélistes, qui diffèrent
des premiers, en ce qu'ils isolent les malades,
au lieu de les rapprocher ; et qui prétendent,
contre l'opinion des seconds, qu'ils aperçoi-
vent les altérations du cerveau au travers de
son épaisse enveloppe ; car les Pinélistes se
fondent sur leur doctrine pour attenter à la
liberté des citoyens. Déjà plusieurs échappés
des Pinélières ont fait entendre leurs plaintes :
il est vrai qu'un nouvel enlèvement les a
aussitôt étouffées ; mais l'opinion publique,
qu'elles ont avertie, n'inspire plus qu'à être
éclairée. Il est temps que l'oreille du Monarque
en soit frappée, et je suis porté à penser que
si les regards de la justice pénètrent enfin
dans les maisons des aliénés, ils découvriront
des abus plus scandaleux que n'en offrit jamais
l'ancienne Bastille.

Je ne puis me défendre, en finissant, de témoigner mon regret que les maisons des aliénés, dans la capitale, au lieu d'être abandonnées aux spéculations des médecins, n'aient pas été confiées aux filles pieuses, qui desservent nos hôpitaux. Au lieu d'enlever les malades sur la demande d'un médecin, qui veut couvrir ses fautes, ou servir les passions d'un Parisien opulent, elles auraient attendu qu'ils leur fussent adressés par le juge, avec les formes prescrites par la loi, pour vérifier sa démence, avec la détermination du temps jugé nécessaire pour l'essai des remèdes. Elles se seraient contentées de pensions modiques, qui auraient ouvert l'accès de ces maisons aux citoyens peu opulents. Elles n'auraient pas eu à redouter l'intervention des parents et des amis; loin de repousser les ministres de la religion, elles auraient même admis aux pratiques religieuses leurs malades les plus désespérés; ne fût-ce que pour offrir en leur nom au Tout-Puissant ces maux cruels, les seuls dont l'Intelligence suprême semble s'être réservée la guérison.

MONTPELLIER,

DE L'IMPRIMERIE D'ISIDORE TOURNEL AÎNÉ,

RUE AIGUILLERIE, N.° 41.

1826.